从小爱科学　小生活大世界

探索生活大奥秘

Tansuo Da Aomi
Shenghuo Da Aomi

纸上魔方 / 编著

不容小觑的微生物

山东人民出版社

全国百佳图书出版单位　国家一级出版社

图书在版编目（CIP）数据

不容小觑的微生物 / 纸上魔方编著 . — 济南：山东人民出版社，2014.5（2024.1 重印）

（探索生活大奥秘）

ISBN 978-7-209-06575-7

Ⅰ . ①不… Ⅱ . ①纸… Ⅲ . ①微生物 – 少儿读物 Ⅳ . ① Q93-49

中国版本图书馆 CIP 数据核字 (2014) 第 028610 号

责任编辑：王　路

不容小觑的微生物

纸上魔方　编著

山东出版传媒股份有限公司

山东人民出版社出版发行

社　　址：济南市经九路胜利大街 39 号　邮 编：250001

网　　址：http:// www.sd-book.com.cn

发行部：（0531）82098027 82098028

新华书店经销

三河市华东印刷有限公司

规　格　16 开（170mm×240mm）

印　张　8.25

字　数　150 千字

版　次　2014 年 5 月第 1 版

印　次　2024 年 1 月第 2 次

ISBN 978-7-209-06575-7

定　价　39.80 元

如有质量问题，请与印刷厂调换。（0531）82079112

前言

小藻球是怎样净化污水的呢？含羞草可以预报地震吗？卷柏为什么又叫九死还魂草呢？你见过能预测气温的草吗？什么是臭氧层？为什么水开后会冒蒸气？混凝土车为什么会边走边转呢？仿真汽车是汽车吗？青春期的女孩很容易长胖吗？我为什么长大了？多吃甜食有好处吗？为什么不能空腹吃柿子？没有炒熟的四季豆为什么不能吃？发芽的土豆为什么不能吃？……生活中有太多令小朋友们好奇而又解释不了的问题。别急，本套丛书内容涵盖了人体、生活、生物、宇宙、气候等各个知识领域，用最浅显通俗的语言、最幽默风趣的插图，让小朋友们在轻松愉悦的氛围中提高阅读兴趣，不断扩充知识面，激发小朋友们的想象力。相信本套丛书一定会让小朋友及家长爱不释手。

让我们现在就出发，一起到科学的王国探秘吧！

用心发现，原来世界奥秘无穷！

目录

奇妙的微生物王国

大家知道吗，世界上有一种生物，小得连我们的眼睛都看不见，只有用显微镜才能看清楚它们的模样。然而，就是这么微小的生命，却是生物界中一个很大很大的群体，无论是在万米的高空、千米深的海底，还是在广阔的大地上，无论是在我们生活的环境中，还是我们人类和各种动物的身体里，包括我们的皮肤上、指甲里、头发上，到处都有它们的身影，它们以

最快的繁殖速度和超强的生存本领，适应着千变万化的环境，究竟是什么生物这么微小，又这样神奇呢？快请世界上无处不在的最小生物——微生物隆重登场吧！

300年前，人们还不知道它们的存在，因为它们实在是太小了，人们根本就看不见。自从显微镜问世后，这些微生物被显微镜放大了几百倍、几千倍甚至数万倍，这才被人们发现和认识。

微生物是世界上最小的生物。可是它们却是一个很大的家族，大家族里有8个小家庭，分别是细菌、放线菌、螺旋体、支原体、衣原体、立克次氏体、真菌和病毒。它们的形体都很微

小，一般都小于0.1毫米，最小的仅有0.2微米长。如果把它们摆在一个缝衣针的针尖上，竟可以摆上几十万个小微生物呢！如果把一粒很小很小的沙子分成上千份，那就是它们的大小了。它们虽然小，但各个神通广大，每个微生物都有自己独特的本领。在这本书里会慢慢给大家介绍的，不要着急。

是谁发现了这么小的微生物呢？荷兰有位叫列文虎克的人，他很热爱科学。1675年，他通过自己磨制的能放大物体300倍的显微镜来观察红细胞和酵母菌，从而发现了这些奇妙的"微生物"，震惊世界！

有一天，列文虎克在一个老人的牙缝里取出一点残屑放到显微镜下看，他惊奇地发现，里面有好多好多不同形状的小东西在蹦来蹦去的，他都不敢相信自己的眼睛。他说："这个老头嘴里的'小动物'，要比整个荷兰王国的居民还要多得多……"

从那以后，列文虎克又用显微镜来观察河水、井水和污水，发现了水里面也有一个小小的"动物世界"。后来，他又把一小块泥巴用水稀释后放在他研制的显微镜下观察，哇，又看到了那些"小动物"！后来，他高兴地把这些"小动物"的形状描绘出来，这些"小动物"有球形的，有杆状的，还有螺旋状的。列文虎克的发现，为我们敲开了微生物的大门，从此以后，人们就开始探索微生物世界的奥秘了。

我们见过的小动物，都有眼睛、腿、嘴巴，可是微生物却和它们很不同，它们没有眼睛、胳膊，也没有腿，但是却有生命。

说起它们的长相，那可就千奇百怪了。有的长得像根小木杆，叫作杆菌；有的长得像个小圆球，叫作球菌；有的长得像个螺旋的弹簧，那叫螺旋菌；有的长得弯弯曲曲的，爬来爬去，很活泼；有的长得毛茸茸的，很可爱；有的长得扁扁的；还有的长得像个小章鱼……它们虽然都叫微生物，但是性格却很不同，有些喜欢自己待着，有些喜欢聚成一团。微生物家族的兄弟姐妹们，多数对人类都是有益的，只有少数对人类有害。所以，大家要多了解了解它们，让它们多多为我们服务。

什么叫繁殖?

繁殖是指生物为延续种族所进行的产生后代的过程,就是生物产生新的个体的过程,它是每个生命体都具备的特性。我们生活中的很多植物都是用种子来繁殖的:风把蒲公英的种子吹到远方,让它落地生根;松鼠把橡子储存在地下,后来忘记拿出来了,橡子就幸运地长成了橡树;还有的种子粘在动物的身上,被它们带到别处去繁衍后代。

显微镜有多大作用?

显微镜是一种放大微小物体的仪器,它向人们展示了一个全新的微型世界。让人们看清了曾经无法用肉眼看到的微生物、植物纤维和细胞等事物,拓展了科学研究的领域。可以说,它是人类最伟大的发明之一等。目前,现代的显微镜已经可以把物体放大到原来的1600倍了,很厉害吧?

微生物能做什么？

　　微生物对人类、动物和植物的生存都有着很重要的意义，而且我们一时一刻也离不开它们。

　　比如，土壤中的微生物能将动物、植物的蛋白质转化成有用的物质，供植物生长需要，而植物又为人类和动物的生活提供需要；在农业上，科学家利用微生物研究制成了很多化肥，给农作物提供养分，让我们的粮食年年增产；在生活上，我们吃的面包、酸奶、奶酪，大人们喝的啤酒、白酒，还有做菜

用的酱油、味精、醋等调料，都是利用微生物技术生产加工而成的。

还有，在我们的肠道里，也有很多微生物。当然了，这些微生物在正常情况下，对我们的身体是有益的，它可以帮助人们抵抗外来病菌的侵袭，为人们的身体提供很多很多的营养物质。

如果世界上没有微生物，我们的地球会变成什么样子呢？到那时，我们所有的生命都将无法生存和繁衍，也许地球都不复存在了。看到了吧，微生物的力量是多么神奇伟大啊！

不过，有些微生物对人类还是有危害的。人们有时候会感冒，那就是有些微生物引起的。还有2003年恐怖的"非典"和2009年的甲型H1N1流感，都是微生物给人类健康带来的威胁。

还有很多严重的疾病，如痢疾杆菌病、结核病、狂犬病、霍乱、破伤风、禽流感和疯牛病等，也都是因为微生物的存在。

不过，我们总是有很多办法对付这一小部分"不速之客"的，所以大家不必慌张。

什么是"非典"？

　　"非典"是一种非常严重的呼吸性疾病，全称叫传染性非典型性肺炎，英文缩写为"SARS"。它是由于感染了冠状病毒而引起的传染性疾病，得了"非典"的人会有发热、头痛、肌肉酸痛、乏力、干咳少痰等表现，严重的还会出现呼吸困难，甚至死亡。"非典"的传染性非常强，如果出现一例这样的疑似病症，就要将其接触的所有人隔离7天，才能观察出有没有更多的人被感染。2002年11月，"非典"在我国广东暴发并开始蔓延，全国人民与它进行了惊心动魄的顽强抗争，最终在2003年6月取得了胜利。

甲型HINI流感

　　甲型HINI流感是一种急性的呼吸道传染疾病，简称"甲流"，导致这种传染病的是一种含有猪流感、人流感和禽流感的新型病毒。患上这种流感最初的症状和普通流感差不多，但如果任其发展就会引起很多并发症，甚至危及生病。甲流是一种可防可控的传染病，目前，甲流疫苗已经投入了使用。

微生物和我们生活在同一个世界里

　　微生物家族庞大，种类繁多，至少有10万种以上呢。它们广泛存在于空气、土壤、水、人和动物的身体里。下面，就来看看它们的分布吧。

　　先看看空气中吧。其实，空气并不是微生物生存的最佳环境，所以，空气中的微生物是随着地区、海拔高度、季节、气

候变化而不同的。

再来看看土壤吧。土壤可是微生物生存的最佳环境了。土壤中生存着细菌、真菌、放线菌等，而且数量很多，一小把土壤中就会有几百亿个微生物呢。

水中的微生物也是随着深度、地区不同而有所不同的。但是，水中的微生物含量也是很多的，而且，微生物的种类和多少，会直接影响水的质量哦。

人和动物的体内，存在的微生物就比较多了。我们的皮肤上、消化道里、呼吸道里，都有很多的微生物。如果没有微生物的存在，我们就无法消化、无法呼吸、无法生存了，所以，微生物不仅是我们的好朋友，而且还是我们生命的依赖呢。

原来金葡菌是个坏家伙

在放学的路上，街边有个烤奶糕的小摊，香喷喷的奶糕，让乐乐直流口水。他迅速买下几块，狼吞虎咽，一口、两口，好几块奶糕都被他吞了下去。可是到了晚上，他的小肚子就开始疼了，而且头也晕晕的，呕吐不止，还不停地拉肚子。乐乐觉得一会儿冷一会儿热，好像天旋地转，可真难受啊！

到底是什么东西让乐乐难受得要命呢？妈妈带乐乐去医院检查，原来呀，是食物中毒，来捣乱的"小家伙"就是金黄

色的葡萄球菌。医生告诉乐乐，金黄色葡萄球菌，又叫"金葡菌"，因为形状像葡萄，所以才叫葡萄球菌，但是，它们可比葡萄小多了，只有在显微镜下，才能看清楚它们的模样。

金葡菌无处不在，在我们生活的空气里、水里、灰尘里，在我们的手上、头发上，还有鼻孔里……到处都有它们的身影。这个让我们肚子疼的小坏蛋，还真是厉害呀！

金葡菌一般寄生在皮肤的表面和黏液表面，它们一旦进入我们的血液，就会将红细胞单个分离，包围在红细胞外，形成一个透明的包围圈。金葡菌中毒，会让我们的身体很难受的。

首先，我们会感觉到恶心，然后就是呕吐、肚子疼，接着

就是拉肚子了。有时候可能还会感觉到头晕或者浑身发冷。如果病情严重的话，我们就会呕吐和腹泻不止，吐完胃里的食物后，就会吐出水一样的东西，甚至会把胆汁都吐出来呢！接着就会感觉浑身无力、虚脱。这时候，小朋友们不要紧张，只要我们马上去医院检查，听医生的话，吃药打针，过几天就会没事了。因为医生叔叔、阿姨那里有好多对付金葡菌的药物呢，如红霉素、新型青霉素、庆大霉素、卡那霉素和新型抗生素等，都能杀死金葡菌。

　　我们要怎么预防金葡菌中毒呢？金葡菌多寄生在皮肤的表面，所以预防金葡菌中毒最好的方法就是拿起食物前，一定要先洗洗手，这样，病菌就不会钻进你的肚子里了；你还要告诉爸爸妈妈，一定要把食物放在低温、通风的地方，这样病菌就会被风吹跑，没机会寄生到食物上了；而且食物一定不要放太长时间，最好是在存放6小时以内，就把它们都吃掉；还有，吃的东西最好要进行彻底加热，这样，即使有病菌，也会在加热的时候被杀死的。

在夏季高温天气，我们在喝牛奶，吃肉类、蛋类和鱼的时候，一定要先看它们的生产日期呀，因为这些东西最容易引起金葡菌中毒了。还有那些剩饭、油煎蛋、糯米糕和凉粉等食物，都容易让我们中金葡菌病毒哦。

其实，金葡菌本身是没有毒的，让我们中金葡菌病毒的罪魁祸首是金葡菌内的肠毒素。你可千万别小看这个肠

毒素，肠毒素最喜欢欺负的就是小孩子了。因为孩子小，身体抵抗力弱，对肠毒素比成人要敏感得多，所以，中金葡菌病毒的多数都是小孩子，而且病情也比成人要严重得多呢。

很多小朋友中了金葡菌病毒后，因为治疗不及时，导致肺部发炎，也就是金葡菌性肺炎。患金葡菌性肺炎的前一周，会有很多征兆，如身上会长一些小脓包、蜂菌窝组织炎或化脓性淋巴结。接着就会出现上呼吸道感染、身体发热、心跳加快、咳嗽等症状，如果发现这些征兆，你可要赶紧让爸爸妈妈带你去医院找医生帮忙了，因为，这时候你已经患上金葡菌性肺炎了。

什么叫寄生？

寄生就是两种生物紧密地生活在一起，一种生物要住在另一种生物身上，并在它的身上汲取自身生长所需的营养才能生存下去。久而久之，必然会导致一种生物受益，另一种生物受害，我们分别称它们为"寄主"和"宿主"。后来，人们又把那些在学习上、工作中和生活中长期不劳而获的人形象地比喻成"寄生虫"。看来，我们必须自己的事情自己做，当个"寄生虫"可是很不光彩的。

什么是红血球？

红血球也叫红细胞，因为它里面含有血红蛋白，所以在显微镜下呈现出了红色。它是我们体内的搬运工，能将我们呼入的氧气输送到各个器官，同时又将体内的二氧化碳运回肺部，通过呼吸排出体外。可以说，如果没有红血球，我们可能会导致贫血，严重的时候还会有生命危险。

酵母菌是人类健康食品的好助手

我们有一千个理由，可以说明酵母菌是一种有益的细菌。因为一点点酵母菌，就能让葡萄变成美酒；因为一点点酵母菌，就能让小面团变成一个大面包，松松软软、又香又甜。你是不是都流口水了呀？还有我们吃的好多饼干、蛋糕……都是酵母菌的杰作呀！

这个给我们带来了无数美味的神奇酵母菌，到底是什么样子呢？我们快来认识一下它吧。

这些小家伙多为圆形、卵圆形、柠檬形或者香肠形，宽1—5微米，长5—30微米或者更长一些。它们可是人类健康食品的好助手，很多面包、馒头、蛋糕等美味食品，都是在它们的帮助下才做成的。这些小家伙，最喜欢的温度是20℃—30℃。

酵母菌里还含有丰富的营养物质，如蛋白质、脂肪粒、肝糖、核苷酸、微量元素、维生素B等。此外它还含有多种酶物质呢，我们统称这些酶物质为酵母抽提物。酵母抽提物具有纯天然的香味，它的神奇之处就是能和不同的物质结合

产生不同的风味。比如，添加牛肉酶解物，酵母抽提物就具有牛肉风味，如果添加水果酶解物，这样，生产出来的酵母抽提物就具备了香甜的水果风味啦。你说，神奇不神奇呀？

我们几乎每天都在享受着酵母菌的好处呢，不信，你来看看吧。

除了我们吃的面包、香肠、饼干等美味食品离不开酵母菌的贡献，在工业和医疗上，也少不了酵母菌的帮忙。由酵母菌制成的酒精，是许多工业的原料，还是医院里不可缺少的消毒剂呢。发酵后的酵母有治病的功效，它可以保护人们的身体，有一定的解毒作用。因为酵母菌里含有丰富的营养物质，如蛋白质、维生素，所以人们还把它做成高级营养品，人吃了能起到很好的保健效果呢。有些人还把酵母菌制成高级饲料来饲养动物，让小动物们快快长大。小朋友们，你们一定想不到，在战争年代，人们用酵母菌做成的替代食品，曾经对人们度过饥荒起到了至关重要的作用呢！酵母菌与人类的

关系真的很密切吧！

　　小小的酵母菌，为什么会有那么神奇的力量呢？那是因为酵母菌里有很多酶、硒、多糖等物质，是它们促使酵母菌发挥着神奇的作用。

　　酵母菌里有种催化剂，它的名字叫作酶，就是它把糖变成了酒精。酵母菌中最早发现的酶就是把糖变成酒精的酶，当时被叫作酒化酶。就是在这种酶的作用下，把糖分解成酒精和二氧化碳，这就是利用酵母酿酒和发面包的原理了。

　　另外，酵母里面的硒、铬等矿物质可以抗衰老，提高人体的免疫力。面粉里面本来有一种会影响人们吸收钙、铁等元素的植酸，酵母发酵后，就能把植酸分解掉，那样人们就能更好

地吸收这些营养了。

　　还有，酵母里有种物质叫多糖，它可以刺激免疫活性，清除体内毒素，抑制恶性细胞增殖并诱导其凋亡，可以很好地抗击人体内的肿瘤，给患者带来生存的希望。因此，天然酵母多糖还被人们赋予了"超级灵芝"和"病毒细胞的追捕者"的美称呢！

可爱的小动物，居然能致人死亡

　　小动物深受小孩子们喜爱，它们蹦来蹦去的样子，很可爱。但是，你们在和小动物们玩的时候，一定要小心啊，因为那些小动物们的身上，有可能躲藏着一种可怕的细菌性病毒，叫作狂犬病毒。

　　这种狂犬病毒危害很大，小猫小狗们如果感染了这种病

毒，就会变得很疯狂，到处乱咬，眼睛红红的，很吓人。人如果感染了这种病毒，一旦发作，那就更可怕了，他们会变得情绪激动，爱发火、害怕水、害怕风，甚至还会呼吸困难，全身瘫痪，甚至死亡。

是不是太可怕了？狂犬病毒到底是一种怎样可怕的病毒呢？我们来看一看吧。

狂犬病又叫恐水症，人的狂犬病多数都是由带有狂犬病毒的动物咬伤或者抓伤而感染发病的。潜伏期短的10天左右，长的可达两年或者更长。狂犬病分两种：一种是狂躁型，就是人容易情绪激动，很怕水；一种是麻痹型，一般不怕水。得了狂犬病的人一般会怕风、咽肌痉挛、流口水和瘫痪，最后会因呼

吸困难而死亡。

狂犬病毒这么厉害，是因为它有两种主要的抗原：一种是病毒外膜上的糖蛋白抗原，另一种是内层的核蛋白抗原，它们俩都能破坏动物和人体的中枢神经组织。

狂犬病毒很容易就能侵入我们的身体。如果我们被那些感染了狂犬病毒的小猫或小狗抓伤、咬伤就会感染上这种病毒，哪怕是被打疯狗用的木头刺伤，也有可能感染病毒；如果我们身上的伤口被疯动物舔过，或者接触到被疯动物污染的东西，或者接触到狂犬病毒病人的唾液也会感染病毒的；还有就是吃了感染病毒的小动物的肉，也会感染上的。

狂犬病毒侵入人的身体以后，是如何破坏我们的神经组织的呢？现在，我们来看一看狂犬病毒侵入人体的路线。病毒

进入人体后会沿着人体外周神经轴进行进攻。它们首先与人体内乙酰胆碱结合，侵入末梢神经，然后上行到脑——脊髓中枢神经组织，它们可以在一天内扩散到整个中枢神经组织内。侵入中枢神经后，便开始大量地繁殖，感染海马区、小脑、脑干甚至整个中枢神经系统，然后再向周围神经扩散，侵入人体的各个组织和器官，到达唾液腺、角膜、鼻黏膜、肺、皮肤等部位。这时候，人体就完全被狂犬病毒击垮了，即使是再高明的医生，也无法挽回病人的生命了。看来，我们一定要远离得了狂犬病的人和动物，这样才能远离被感染的危险。

狂犬病太可怕了，我们一定要做好预防的准备工作啊！

如果家里养了小猫、小狗，一定要好好看管，定期给它们注射疫苗。每次跟小动物玩耍后，一定要用肥皂洗手。还有，在路上，如果发现张着大嘴、流着口水、走路摇摇晃晃的猫、狗，一定要远离它们，因为它们很有可能感染了狂犬病毒。小朋友们，如果你不小心被小狗或者小猫咬伤或者抓伤，不要慌，赶紧用肥皂或者清洁剂清洗伤口，清洗后，用酒精棉、碘酊或者0.1%季铵盐溶液消毒。最好把伤口暴露在外面24—48个小时，防止病毒穿入我们的神经纤维。最后，你一定要去医院注射最好的狂犬疫苗。

什么是中枢神经系统？

中枢神经系统是神经系统的主要部分，它位于我们身体的中轴，由脑神经节、神经索或脑和脊髓等组成。中枢神经系统的作用可不小呢，它接受全身各处传入的信息后，整合加工后再传出，或者储存在中枢神经系统内成为学习、记忆的神经基础。人类的思维活动也是中枢神经系统的重要功能之一呢！

人体内的乙酰胆碱是什么？

人体内的乙酰胆碱是一种存在于中枢神经和周边神经系统的传导神经的物质。它能够使人保持清醒的意识和清晰的记忆能力，在人们的学习上起到了很大的作用。不过这种物质很难通过后天的补充而获取，因为只要它一进入体内就会被无情地分解掉了，一般只会在实验中才能用到它。

霍乱弧菌一点儿都不可爱

    在微生物家族里，有一个长得像小蝌蚪一样的小家伙叫霍乱弧菌，它有一个长长的鞭毛，就像小蝌蚪的尾巴一样，游来游去的，很可爱。可是，表面上这么可爱的小家伙，却是一个超级大坏蛋。它能让人不停地拉肚子，不停地剧烈呕吐，最后会因脱水而死亡。真是太可怕了！快来揭开这个可爱又可怕的"小蝌蚪"的真面目吧。

    霍乱弧菌是人类霍乱的病原体，霍乱可是一种古老而且流

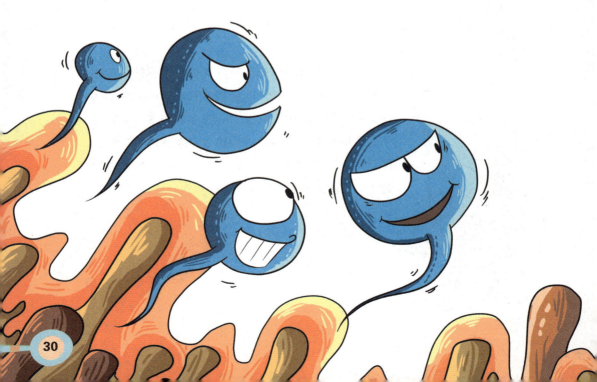

行广泛的烈性传染病之一。1817年以来，全球就发生过7次世界性大流行的霍乱，死了很多人呢。

霍乱弧菌最喜欢伤害的就是我们人类了，小动物们一般是不会感染的。霍乱弧菌主要通过污染水来进行传播，还有就是跟随没有煮熟的食物如海产品、蔬菜等进入人体。更可怕的是，即使接触了感染霍乱弧菌的人摸过的东西，或者苍蝇、蚊子、小虫子接触过病人的粪便后又落到食物上，这个食物只要被吃到肚子里，那么这个人就会被感染上霍乱弧菌的。在那些居住拥挤、卫生状况差的地方，经常会暴发霍乱。

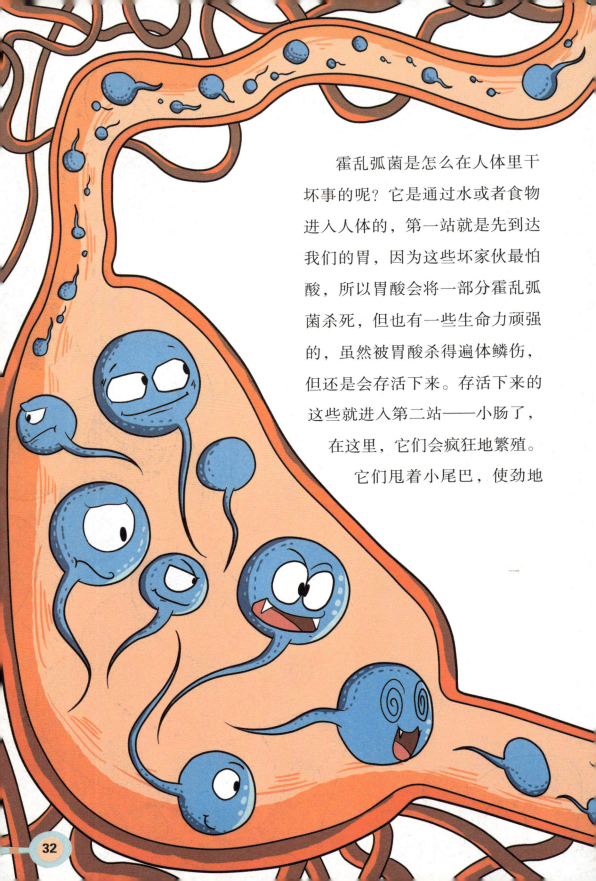

霍乱弧菌是怎么在人体里干坏事的呢？它是通过水或者食物进入人体的，第一站就是先到达我们的胃，因为这些坏家伙最怕酸，所以胃酸会将一部分霍乱弧菌杀死，但也有一些生命力顽强的，虽然被胃酸杀得遍体鳞伤，但还是会存活下来。存活下来的这些就进入第二站——小肠了，在这里，它们会疯狂地繁殖。它们甩着小尾巴，使劲地游呀游，穿过肠黏膜表面的黏液层，游到小肠黏膜上，然后紧紧地将身体粘在肠壁的细胞上，开始大量地繁殖。

在繁殖中，它们会产生一种霍乱肠毒素，这种毒素能让肠黏膜上皮细胞与肠腺分泌很多很多的肠液，这时候，病人就会出现上吐下泻的症状，严重的还会泻出水一样的排泄物，会含有大量的弧菌。最后，人会严重脱水，导致血液循环衰竭、代谢性酸中毒、肌肉痉挛、肾衰竭、尿闭、休克，最终就会死亡。

霍乱弧菌的生存能力超级强，它们在没有经过处理的粪便中可以活好多天；在冰箱里的牛奶、鲜肉和鱼虾等水产品里能存活好几周呢；在室温下存放的新鲜蔬菜中，也能存活1—5天；无论是咸水还是淡水，它们都适应，有的霍乱弧菌还能在水里过冬呢！这些坏家伙，生命力可真顽强啊！

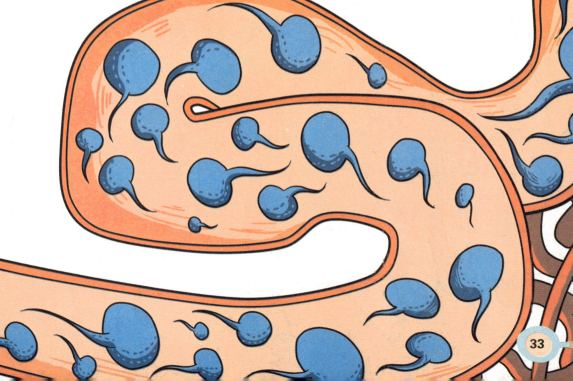

虽然霍乱弧菌生命力很顽强，但是它们也有很多"天敌"哦。所以，我们很容易对付这些坏家伙。霍乱弧菌最害怕热、干燥和日光了。如果经过干燥2小时或者55℃加热10分钟后，它们就会通通死掉的，要是把它们放到100℃的沸水中，那它们会立刻死亡的。

前面我们说过霍乱弧菌怕酸，对酸特别敏感。它们在正常胃酸里只能活4分钟；在盐酸或硫酸中，霍乱弧菌10分钟内

就会死亡；汞或高锰酸钾，能在几分钟内杀灭霍乱弧菌；0.1%漂白粉会让霍乱弧菌活不过10分钟；浓度高于4%的氯化钠或蔗糖浓度高于5%的食物、酒、醋等，也会很快杀死霍乱弧菌。

如果大家想预防霍乱弧菌，最好的方法就是接种疫苗了。现在我们使用的预防霍乱弧菌的疫苗持续时间很短，只有3—6个月。目前，科学家们已经研制出了一种新型的口服疫苗可以预防霍乱，这种疫苗对霍乱的保护期为3年呢！但这种疫苗目前还没有投入使用。

还有就是一定要做好预防工作。大家一定要注意饮食卫生，食物一定要加热后再吃，不喝生水，不用脏水洗菜洗水果，最重要的就是远离感染了霍乱弧菌的人。

破伤风杆菌会
让你有生命危险哦！

在生活中，被划伤碰伤是很难避免的，尤其是小朋友们，喜欢跑跑跳跳、打打闹闹，很容易受伤。身上有了伤口后，无论大小，你们都不要大意，一定要认真对待。因为一个小小的伤口，就有可能危及人的生命，这都是破伤风杆菌在作怪。

破伤风杆菌长得像小鼓槌，它们有一个很特别的生活习惯，就是喜欢生活在黑暗缺氧的土壤里。很多的破伤风杆菌都在黑乎乎的土壤里生活，多数时间都在呼呼地睡大觉，不会伤害我们的，但是，如果我们的伤口感染了破伤风杆菌，就有可能危及生命哦。

这个可怕的家伙，是靠什么危及人的生命呢？破伤风杆

菌喜欢缺氧的环境，因为伤口外边有坏死的组织，凝固的血块堵塞，这样伤口的里面就形成了一个局部的缺氧环境，破伤风杆菌在这个环境里面可就得意自在了。最开始，它们还是会老老实实地在伤口里待上一阵子，等过了几天，甚至更长时间，有的可能长达几年，才开始在人体里捣乱。破伤风杆菌越早开始行动，人体就越容易生病，而且生病的程度就越严重。

得了破伤风病的人会有什么样的症状呢？最开始人们会感觉全身乏力，头晕、头痛，情绪烦躁不安，精神不振，爱打呵欠，随后会出现强烈的肌肉收缩、张口困难、牙关紧闭等症状，还会出现"苦笑"的面容，还会出现双手握拳、两臂僵硬、头向后仰、全身肌肉持续性收缩或阵发性痉挛的症状，严重的还可能会呼吸困难，甚至窒息死亡呢！

其实，破伤风杆菌本身并不会致病，它是通过繁殖大量的细菌，让这些细菌产生破伤风痉挛毒素和破伤风溶血

素，也就是它的外毒素，这两种外毒素很容易就能进入人体的血液循环系统，通过吸收再进入人的脊髓、脑干等，这才会危及人的生命。

要对付破伤风杆菌，就要做好预防工作。如果有了伤口一定要正确、认真地处理，先用清水或者肥皂水把伤口冲洗干净，如果伤口里有脏东西，一定要用消过毒的镊子把脏东西取出来，在伤口上涂上碘酒等进行消毒，然后用干净的纱布包扎好，千万别忘记每天都要换药哦。如果伤口真的很大很深，而且还是被有铁锈的东西弄伤的，那包上后就赶紧去医院打针治疗吧，青霉

素、甲硝唑、头孢等，都能有效地控制破伤风杆菌的繁殖。

注射破伤风预防针，是最好的预防措施了。我们通过注射破伤风类毒素，就能使身体产生破伤风抗毒素，这种抗毒素能抑制破伤风杆菌繁殖，让它们老老实实地不敢乱来。但是，有些人对这类毒素过敏，所以科学家又研制出了破伤风免疫球蛋白针剂，这种针剂是不会让人体产生过敏反应的。

别让幽门螺杆菌占领我们的胃

有种长了很多小尾巴的细菌叫幽门螺杆菌，提到它的名字，还有一段来历呢。在我们人体的胃和十二指肠中间有一段肠子叫幽门，因为这个小家伙太像幽门了，所以，人们就给它起名叫幽门螺杆菌。

幽门螺杆菌有螺旋状的，也有弧形的，长2.5—4.0微米不等，宽0.5—1.0微米不等，在它们的屁股上都有2—6条长尾巴。

这种细菌是人类至今发现的唯一一种生活在人类胃部的细菌，所以，我们的胃是这种小家伙最温暖的家了。据科学家们说，全世界大约有50%的人身体里都有这种螺杆菌。而它们又是极其古怪又变化多端的家伙，因为被它感染的人，有可能发病也有可能不发病，而且发病的类型也各不相同，所以让人很难把握。

　　在很久很久以前，科学家们还没有找到引起人们胃炎和消化性溃疡的原因。后来，他们在人的胃里发现了幽门螺杆菌的存在，可是却不能证明它们就是引起胃炎或者溃疡的罪魁祸首。

　　在1984年，一位勇敢的研究者马夏，喝下含有这种细菌的培养液，这些细菌让他胃部疼痛不已，结果大病一场，后来其他的研究人员给他注射了抗生素，又使他恢复了健康。勇敢的马夏，证实了幽门螺杆菌的罪状，让人们确

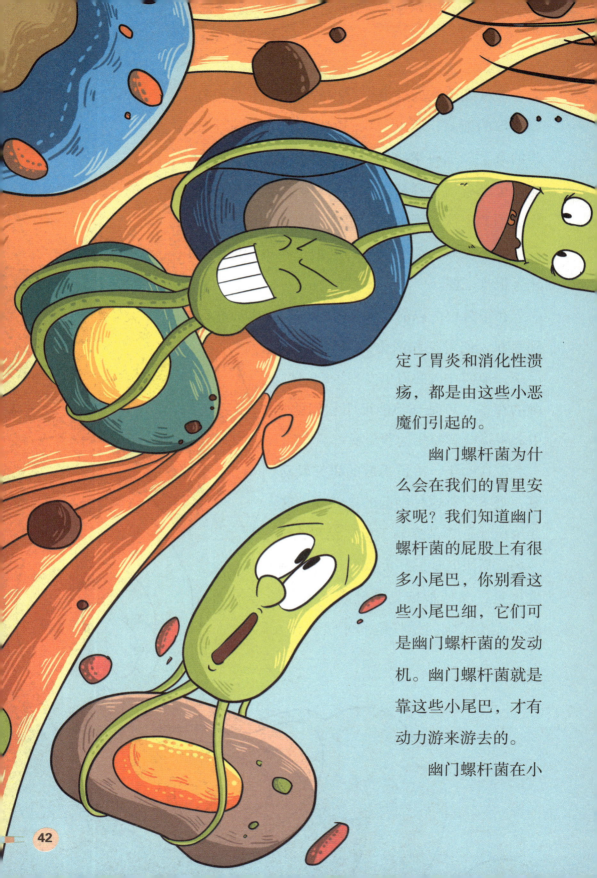

定了胃炎和消化性溃疡，都是由这些小恶魔们引起的。

幽门螺杆菌为什么会在我们的胃里安家呢？我们知道幽门螺杆菌的屁股上有很多小尾巴，你别看这些小尾巴细，它们可是幽门螺杆菌的发动机。幽门螺杆菌就是靠这些小尾巴，才有动力游来游去的。

幽门螺杆菌在小

尾巴们的推动下，使尽全身的力气游啊游，终于，它们穿过了人体胃部的黏液层，去寻找最能让他们安心居住的家。穿过黏膜层后，它们的小尾巴就要大显身手、发挥作用了，这些小尾巴会紧紧地抓住上皮细胞，和它们牢牢地粘在一起，这样它们就不会跟随食物一起被胃排空了。这时候，幽门螺杆菌找家的工作就全部完成了，但这个时候，它们还不是最安全的。接下来，它们分泌两种酶，分别叫过氧化物歧化酶和过氧化氢酶，来保护自己不受中性粒细胞的杀伤。幽门螺杆菌还要通过尿素酶水解尿素产生氨，在身体周围形成一个"氨云"保护层，以抵抗胃酸的杀灭作用。这个时候，它们就可以高枕无忧地睡大觉喽！

　　幽门螺杆菌唯一寄居的地方就是人类的胃部，所以人就是它们唯一的传染源了。它们通过胃—食道反流进入口腔，通过唾液传播，可谓是无孔不入啊！幽门螺杆菌的传播途径有很多，比如喂食、集中进餐、接吻等，都会引起幽门螺杆菌的传染呢。

用什么方法可以有效地"镇压"这些小恶魔们呢？我来教你们几招吧。

首先，要养成良好的卫生习惯。做到饭前便后洗手，经常使用的餐具也一定要严格地消毒。每天不要只刷一次牙，最好每顿饭后都刷一次牙，牙具等清洁用品不要放在卫生间内，一定要放在通风的地方；其次，要养成良好的饮食习惯。因为幽门螺杆菌能在自来水中存活4—10天，所以，我们一定要做到喝开水不喝生水，吃熟食不吃生食，牛奶也要消毒后再喝。还有，我们亚洲人喜欢大家坐在一起吃饭，一盘菜你夹一次，我夹一次，这样，唾液里的细菌就有机会通过筷子传播到食物上，所以，最好建议爸爸妈妈们快些改变这种吃饭方式，选择分餐或使用公筷吧。还有爸爸妈妈们，不要口对口地喂孩子吃饭哦，这很有可能让小孩子感染上幽门螺杆菌呢。最后，我们最好能够定期到医院接受检查，以便及时发现，及时治疗。

其实，很多大肠杆菌都是我们的好伙伴

大肠杆菌有一个学名叫肠埃希氏菌，因为它们主要居住在人体的大肠里，所以大肠杆菌就因此得名了。这些小家伙们，长得就像我们吃的胶囊粒一样，两端圆圆的，而且浑身长满了毛毛，这些毛毛就像船桨一样划呀划，让大肠杆菌在人体里能自由地活动。

因为大肠杆菌是人和很多动物肠道里数量最多的细菌，并且它们总是藏在人和动物的粪便里，数量几乎占粪便重量的三

分之一，所以呀，很多人都认为这些又脏又臭的家伙们，一定是大坏蛋。其实，正常的大肠杆菌是人类的好朋友，不会危害我们的身体健康。它们每天都老老实实地待在大肠内，勤奋地工作，帮助人类减少肠道的负担，一边抵御致病细菌的进攻，一边合成维生素B和K以供身体需要。只有当人体免疫力降低时，这些平日里的"良民"才会兴风作浪，移居到大肠以外的胆囊、膀胱、尿道等器官，造成这些器官局部感染，破坏人体的健康。

大肠杆菌对人体的贡献是最大的。食物进入人体的大肠后，大肠就开始工作了。它首先要把吸收的水分和胃部消化后的残余物质暂时储存起来，然后，大

肠内包括大肠杆菌在内的细菌们就要大显身手，开始它们的消化工作了。大肠杆菌中含有多种酶，能把纤维素和糖类进行分解或发酵，产生乳酸、醋酸、二氧化碳和甲烷；还能把脂肪分解成脂肪酸、甘油和胆碱；有些则能把蛋白质分解成氨基酸、肽、氨、硫化氢、组织胺和吲哚等。大肠杆菌还能合成维生素B和维生素K，对人体代谢和维持肠道功能具有重要的作用。在大肠杆菌和其他细菌的合作下，人体大肠内的菌群组成才能保持稳定。

　　大肠杆菌在工业和医疗方面的贡献也不小呢。科学家们利用大肠杆菌，对普通生物燃料里的乙醇进行了改造，改造后的新燃料能效很高，污染却很小，能用在汽车和飞机上。科学家们还利用大肠杆菌研制出了人体的生长激素、胰岛素、干扰素、疫苗等多种药物，为治疗很多疾病、恢复人体健康，做出了很大的贡献呢！

　　正常的大肠杆菌，不仅是我们人类的好朋友，还是让我们

身体健康的大功臣。所以，小朋友们，一定要好好对待它们，不要伤害它们呀。有的人感觉有一点点不舒服，就吃抗生素药，这不仅会杀死大肠杆菌，还会伤害自己的身体。因为任何抗生素都会影响肠道里的菌群平衡的，长期或不适当地服用抗生素，会影响肠道维生素的合成和正常吸收，容易引起人体维生素缺乏和其他的很多疾病呢。所以，我们不要去伤害大肠杆菌，而要和它们成为好朋友。

但是，有少量的大肠杆菌是会让我们生病的，大家可一定要管住自己的嘴巴呀！不要喝生水，不吃冷食，要不然，这种让人生病的大肠杆菌就会乘机溜进你的身体里，让你不停地拉肚子。有时它们还会藏在猪肉、牛肉、牛奶，还有蔬菜、水果中，如果没有煮熟或者没有洗干净就吃这些东西，你也可能会生病。

这些可恶的大肠杆菌会引起腹膜炎、胆囊炎、阑尾炎等。婴儿、年老体弱、慢性消耗性疾病、大面积烧伤的人，大肠杆菌会侵入血流，引起败血症。早产儿——尤其是出生后30天内的新生儿，最容易患大肠杆菌性脑膜炎。所以年轻妈妈们可一定要注意啦，一旦发现，一定要找医生帮忙，绝不能掉以轻心哦！

白癣菌，专门喜欢你的小脚丫

有种小微生物，专门喜欢生活在我们的脚丫上，但是，它们可不是安安分分的家伙，因为，只要它们驻扎在我们的小脚丫上，我们就会觉得奇痒难耐。这种让我们痒得难受的小家伙叫白癣菌，这种让人痒得难受的病叫作"脚癣"。

白癣菌为什么喜欢我们的小脚丫呢？因为它们喜欢湿热的环境，讨厌寒冷干燥的环境，人的脚心部位的汗腺最丰富，会

分泌大量的汗液，湿湿热热的小脚丫，就给白癣菌创造了一个最佳的生活环境。还有就是人的皮肤每天都进行新陈代谢，总有角质层脱落，蛋白质含量丰富的角质层是白癣菌最爱的食物了。

这些白癣菌先驻扎在小脚丫上，一遇到高温高湿的天气，就会迅速地繁殖，让我们的小脚丫不断有细小皮屑脱落，有时候还有可能出现红斑，会很痒。严重的时候脚掌心上还会长出水泡，水泡逐渐增加，就会变成脓疱，周围发红，破裂后还会泛白或者溃烂。最严重的地方就是第四趾与小趾之间，因为潮湿多汗，会出现泛白的症状，严重的还会暴露出红色溃烂的肉，长时间不能愈合，感觉又痛又痒。

如果你实在忍受不了，用手挠了，一定要用香皂或者洗手液把手好好地洗干净，因为那些可恶的脚癣是会传染的，没准会传染到你的全身呢！因为白癣菌最喜欢皮肤上的角质层，那可是它们最可口的美味了，所以手、脚、脸和头皮等有角质的

地方，它们都爱去。如果感染了手指甲，指甲就会变得厚而且易碎，那就是得了"手甲白癣"。如果感染了头发，头上就会长出一块块圆圆的白屑，那就是得了"头部白癣"；如果感染了背部或手臂，就会得"白斑病"。也就是说，脚癣可以感染人体的各个部位，一般将白癣菌引起的皮肤病，统称为"白癣"。这些爱在人体上乱窜的家伙们真是太恐怖啦！

得了脚癣，我们也不要怕，对付它们的办法有很多种。首先，一定要让我们的小脚丫干净

卫生，保持干燥，每天都要洗脚，勤换鞋子和袜子。如果你的小脚丫特别爱出汗，可以试着垫干燥鞋垫，或者放点干燥剂。还有，夏天的时候一定要穿棉质的或者透气性好的袜子。如果脚癣不是很严重，可以用大蒜汁每天涂一涂，或者每天用放了醋的水泡脚20分钟，效果也会很好的。如果脚癣很严重的话，那么就要用药了，

克霉唑软膏或派瑞松，使用两周后基本上就能杀灭脚上的白癣菌，但是要想根治，就得再涂上一段时间的药膏。

脚癣喜欢潮湿温暖的环境，所以每年的七八月份，是脚癣最容易泛滥的时候了。到了冬天，很多得了脚癣的小朋友们都会感觉脚丫好像不痒了，是不是脚癣病好了呀？你可不要高兴得太早，你的脚癣其实还没有好，它们还在你的小脚丫上呢。因为它们害怕寒冷的冬天，所以躲在了角质层比较厚的地方，舒舒服服地"冬眠"呢。等到了第二年的夏天，它们养足了精神，还会大量地繁殖，继续在你的小脚丫上搞破坏，让你痒得受不了。所以，得了脚癣的小朋友们，冬季也不要放弃治疗哦！

能让食物腐败的坏蛋
——四联球菌

你们有没有发现，在炎热的夏天，食物放久了，很容易就会发出一股难闻的气味，有的食物上面还会长一层毛茸茸的东西，这说明食物已经变质了。这种变质的食物你们可千万不要吃呀，因为，那里面会有很多可怕的细菌，其中最多的一种叫四联球菌，吃了它，你会生病的。

这些可怕的四联球菌到底是什么样子的

呢？我们来认识一下吧。

　　四联球菌长相很特殊，因为它们是由四个小球一样的身体组合在一起的，所以在显微镜下面看，就像一个个的小田字格，直径约为0.5—2.0微米。这些小家伙不爱动，很老实。他们很喜欢氧气，对干燥有比较强的抵抗力，也能在盐水中生活，最喜欢25℃—37℃的环境。在人和动物的皮肤上，还有土壤、水、植物和食品上，都有可能见到它们的身影，如果发现有哪些食物腐败变质了，就是这些四联球菌们搞的鬼。

　　有一些食物腐败了，会有很明显的变化，比如味道酸臭、

上面长满毛毛、颜色发生很大变化等。但是，有一些食物，比如你刚从冰箱里取出来的食物，看上去外表蛮好的，也没有什么特别的味道和变化，但是，你可不要掉以轻心哦，因为四联球菌在冰箱的低温环境里也会繁殖的，而且食物刚刚变质的时候，味道不会有太大变化，你很可能吃不出来。所以，从冰箱取出的食物，一定要煮好、热透了再吃。

如果你不小心把它们吃下去了，后果是非常可怕的，可能会引发多种疾病呢。因为四联球菌在食物"变质"的过程中会

产生毒素，这些毒素要是进入人体，会在肠子里繁殖，使胃肠发炎，引起发热、呕吐、腹痛、腹泻等消化系统疾病。更可怕的是，还可能导致全身无力、虚脱、意识不清，严重的还会出现血压下降或循环衰竭。年龄越小，发病越多，而且会比较严重呢。

我们该怎样对付这些爱捣乱的小家伙呢？四联球菌喜欢25℃—37℃的环境，在水中也能生存，只有在适合它的温度和湿度的条件下，四联球菌才会出现并且繁殖，生成一定量的乳酸，把食物中的蛋白质、脂肪、糖类等营养分解掉，生成具有酸味和臭味的气体，这样食物便没有了原来的味道，颜色也会发生变化，这就是变质了。

了解了食物变质的原理后，对付四联球菌的问题自然也就迎刃而解了。首先，我们要做好保鲜工作。或者把食物放到冰箱里保存，因为四联球菌在零度时几乎不会繁殖；或者将食物进行高温加热，因为高温能杀死大多数的四联球菌，不过也会破坏一些食物的营养；或者可以让食物变得干干的，就是用晒干、烘干等方法把食物里的水分去掉，比如萝卜干和牛肉干就能保存很长时间；或者使用真空包装，让他们远离氧气和水分。如果我们真的吃了腐败的食物，出现了呕吐、恶心、腹泻等症状，那就赶紧去医院吧，不要怕，青霉素和金霉素能轻易地杀死这些四联球菌的。

青霉菌，让人欢喜让人忧

你们有没有听说过青霉素啊？这可是医疗上应用很广泛的消炎药物啊，你们知道吗，它是从一种叫作青霉菌的真菌中提炼出来的。那你会不会认为青霉菌一定是一种对人类很有益的细菌啊？其实呀，这个青霉菌，一面对人类有益，另一面它也是一个大坏蛋。让我们先来认识一下这个会变脸的小家伙吧。

青霉菌是自然界中常见的一种真菌，它们大批生长时多呈现出蓝绿色，形状像一把把大扫帚。青霉菌的孢子呈椭圆形或者圆柱形，有的光滑，有的粗糙。

青霉菌的耐热性很强，菌体繁殖温度较低，苹果酸、柠檬酸等饮料中常用的酸味剂是它们非常喜欢的，因此它们常常能让这些饮料发生霉变。

它是如何让人忧虑的呢？因为它是一种真菌，搞破坏可是它的拿手好戏。不信，你看。不在人体里面，它是无法大显身手的，所以它会想尽一切办法进入人体。它可以借助气流偷偷流入人体，也可以通过皮肤接触进入人体。当人体有伤口时，它就会趁机溜进去，在里面"抢位置"。进入人体后，它首先要做的事情就是"培育"新的孢子，原有的孢子呈放射状生长，一两天就可以产生好多好多的新孢子！这些孢子成熟后会随着血液的流动，到达人们的大脑、肺部、皮肤和其他部位，然后，它们就让这些部位发生感染，出现炎症。这时，它对人体的破坏工作就完成了。你可别小看它们，这些炎症有的时候会危害人体健康甚至生命安全呢！

另外，它还是一个名副其实的"制毒专家"，能产生多种多样的毒素，比如桔青霉、黄绿青霉、冰岛青霉、扩展青霉和

鲜绿青霉等。这些毒素的毒性、作用各不相同，这也是它能够严重危害人体健康的另外一个原因。如桔青霉素，会影响人的胃部和肾脏，导致呕吐、腹泻，或者肾脏肿大、以及肾小管扩张、变性和坏死等。冰岛青霉素有肝毒性，染毒后很短时间内就会引起肝脏空泡变性、坏死和肝小叶出血，最后出现肝硬化、肝纤维化和癌变。黄绿青霉素则对神经、肝脏、血液等有很大伤害，会导致肝细胞萎缩，甚至侵犯外耳道、尿路、皮肤和指甲等。

那么，它又是如何让人欢喜的呢？青霉菌也有对人类有益的一面。在1929年，英国有个细菌学家叫弗莱明，他经过反复试验和研究，在青霉菌的培养液里发现了一种物质，叫青霉素。后来病理学家弗洛里又对青霉素进行了分离和

纯化，发现它能治疗病菌传染病，因为青霉素和细菌之间存在着激烈的竞争，一碰到细菌，青霉素就会和它们打起来，青霉素能破坏细菌的细胞壁，所以常常能够取得胜利。弗洛里的此项研究还获得了1945年的诺贝尔奖呢！

后来，经过很多科学家的努力，青霉素开始被大量地生产，多年来它拯救了很多肺炎、脑膜炎、脓肿等患者的生命，为人类的健康立下了"汗马功劳"。

千万别跟噬菌体玩，它会吃掉你的

你们一定都很喜欢看《动物世界》吧！在《动物世界》里，我们有时候看到老虎会吃掉梅花鹿、狮子吃掉斑马、雄鹰吃掉小兔子、大鱼吃掉小鱼……

似乎自然界里的每种动物，都有自己的天敌。在微生物世界的王国里，也有一种可恶的小家伙，专门吃它的同类，这个小坏蛋叫噬菌体，只要是接近它的微生物，它都会想尽一切办法把它们吃掉的。下面，我们就来看看这个可恶的小家伙吧。

噬菌体是一种细菌病毒，因吃"伙伴"而得名。它们

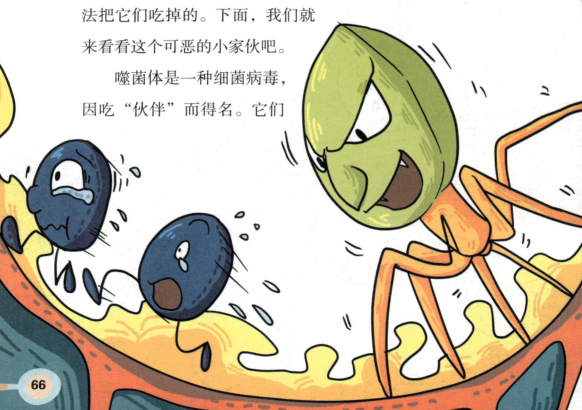

的个子小小的，只有0.01—0.1微米，你可别看它们小，凡是有微生物的地方，比如你脏脏的小手上、地上的泥巴、河水里，都能找到它们的身影。

这些小家伙的本事可大了，它们能神不知鬼不觉地将其他微生物吃掉。我们来看一看它们是怎么吃掉其他微生物的。噬菌体一旦发现它的附近有其他微生物，就会想尽办法，偷偷地钻进它的身体里，它的"脑袋"就像针头一样，先插进这种微生物的身体里，然后把自己头部的DNA注射到这种微生物的细胞里。接着，噬菌体就会安安全全地待在这个微生物的身体

里，美美地睡上一大觉了。睡醒后，它养足了精神，就要开始工作了，开始不断地复制自己的组织。这时候，这种微生物的外表好像没有什么变化，但其实，它只剩下一个外壳了，肚子里面可都是小噬菌体呀，这些小噬菌体再慢慢地长大。等这些小噬菌体长到足够大了，它们就会"砰"的一声，把这个可怜的小微生物挤爆，就这样，这个可怜的小微生物体内，孕育出了100—300个噬菌体呢。所以，小微生物们，可一定要离噬菌体远一点哦！

噬菌体和我们一样，也有性格上的差别，有意思吧？性格暴烈的噬菌体，我们叫它"烈性噬菌体"，性格温柔一些的噬菌体，我们叫它"温和性噬菌体"。烈性噬菌体进入其他微生物体内后，会疯狂地大吃一顿，然后不停地复制成千上万个自己，直到这个可怜的微生物细胞完全裂解。温和性噬菌体性格就没有那么暴烈了，它进入细菌后先美美地睡上一会儿，还会和细菌细胞和平相处，一起生长，如果遇到了某种刺激，它就会"大变脸"，毫不犹豫地把"伙伴"吃掉。

别看噬菌体爱吃同类，但它也像青霉菌一样，有好的一面。最开始，人们发现它的时候，以为它只会给人类的身体带来危害，但是后来，噬菌体渐渐成为医生的好助手，被用来治疗烫伤和烧伤。因为被烧伤的皮肤容易感染绿脓杆菌，医生利用噬菌体能吃其他微生物的原理，把噬菌体放到伤口上，来吃掉那些绿脓杆菌，这样病人很快就能康复。

但有的时候，噬菌体要是吃错了"伙伴"，就会给我们带来很多麻烦。比如我们准备用新鲜的牛奶做酸

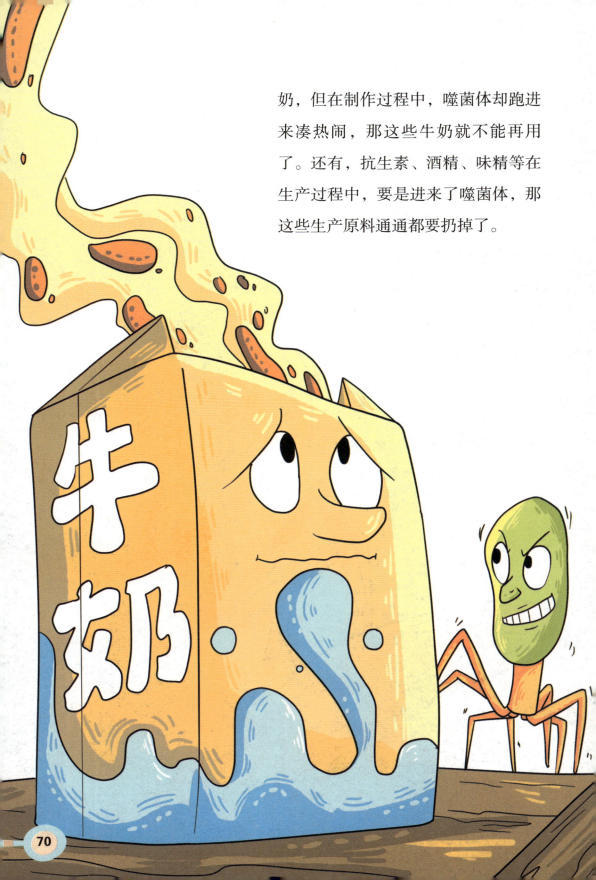

奶，但在制作过程中，噬菌体却跑进来凑热闹，那这些牛奶就不能再用了。还有，抗生素、酒精、味精等在生产过程中，要是进来了噬菌体，那这些生产原料通通都要扔掉了。

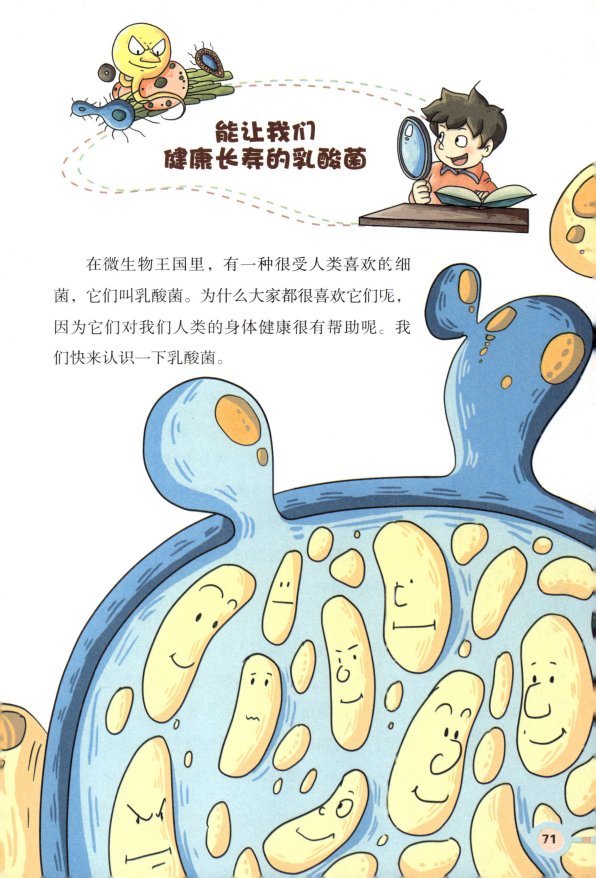

能让我们健康长寿的乳酸菌

在微生物王国里，有一种很受人类喜欢的细菌，它们叫乳酸菌。为什么大家都很喜欢它们呢，因为它们对我们人类的身体健康很有帮助呢。我们快来认识一下乳酸菌。

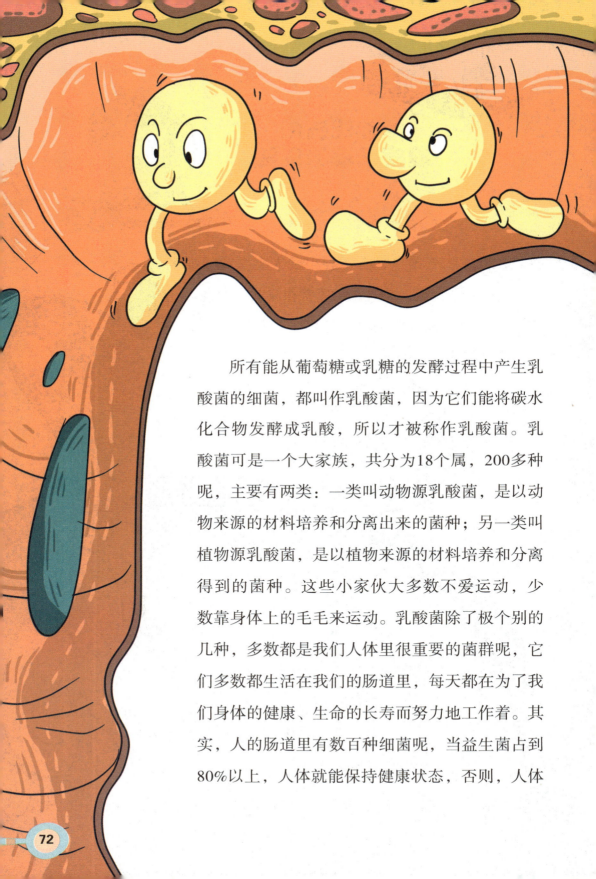

　　所有能从葡萄糖或乳糖的发酵过程中产生乳酸菌的细菌，都叫作乳酸菌，因为它们能将碳水化合物发酵成乳酸，所以才被称作乳酸菌。乳酸菌可是一个大家族，共分为18个属，200多种呢，主要有两类：一类叫动物源乳酸菌，是以动物来源的材料培养和分离出来的菌种；另一类叫植物源乳酸菌，是以植物来源的材料培养和分离得到的菌种。这些小家伙大多数不爱运动，少数靠身体上的毛毛来运动。乳酸菌除了极个别的几种，多数都是我们人体里很重要的菌群呢，它们多数都生活在我们的肠道里，每天都在为了我们身体的健康、生命的长寿而努力地工作着。其实，人的肠道里有数百种细菌呢，当益生菌占到80%以上，人体就能保持健康状态，否则，人体

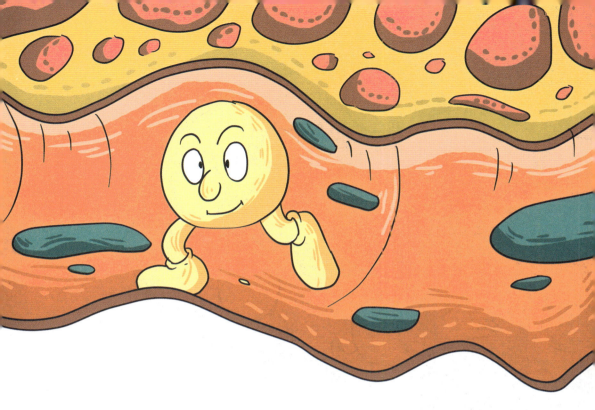

就会处于亚健康状态或者不健康了。所以，乳酸菌对我们来说太重要了，我们可要好好爱护它们。

乳酸菌主要生活在我们人体的肠道里，那里是他们生活和工作最理想的环境了，但是想要到达肠道，可不那么容易。这些小家伙，是要冒着生命危险，才能到达我们的肠道的。它们进入我们的嘴巴以后，首先来到的是胃部，因为胃并不知道乳酸菌是"好人"，所以，大量的胃酸会努力地把这些可怜的小家伙消灭掉，多数的乳酸菌都会在劫难逃，只有少数的"勇士"能够存活下来，并顺利地到达肠道。在肠道里，这些所剩无几的乳酸菌会大量地繁殖，当它们的队伍足够壮大以后，下一个任务就要开展肠道保卫战了。

首先，它们要夺回被有害菌抢占的地盘和养分，然后它们

会大量地生产一种叫有机酸的物质，这种物质能够降低肠道的PH值，抑制有害菌的繁殖，来保护我们的肠道。同时，乳酸菌还能帮助肠道消化，促进大小肠的蠕动，好把有毒的物质排出体外，让我们的身体感觉轻轻松松地没有负担，这样，这些毒素也不会刺激我们的肝脏和大脑了,还有利于保持身材，防止衰老呢。乳酸菌还能通过肠壁进入血液或淋巴系统，增加一些活性物质，进而提高人体的免疫力，防止发生疾病。小小的乳酸菌，真是我们身体健康的好帮手啊！

小心，志贺氏杆菌来了

爱在我们肚子里捣蛋的坏家伙有很多，其中有一个家伙能让我们腹泻不止，引起细菌性痢疾，这个家伙就是志贺氏杆菌。

这个志贺氏杆菌，也是肠道杆菌的一种，它们没有芽孢和鞭毛，但是有菌毛。志贺氏杆菌的"兄弟姐妹"有好几个呢，它们分别是福氏痢疾杆菌、鲍氏痢疾杆菌、宋氏痢

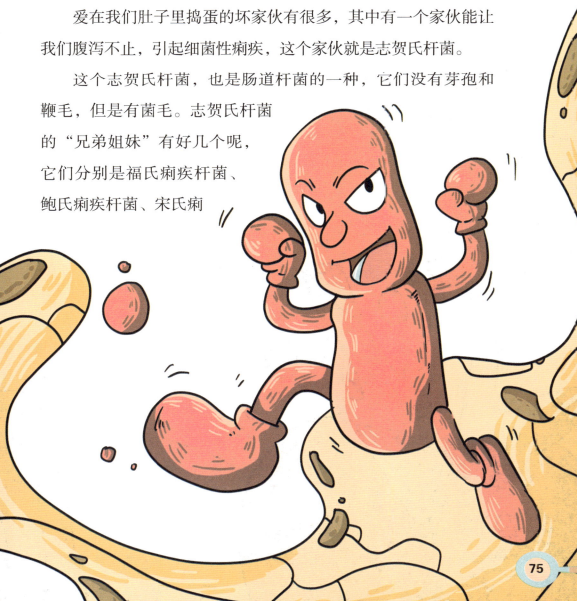

疾杆菌。这4种杆菌都能产生细胞毒素、内毒素和肠毒素，让我们身体发热，出现腹痛、腹泻、排脓甚至拉出带血的便便等痢疾反应，这也是它们的名字中都有"痢疾"两字的原因。这4种细菌中，志贺氏杆菌的毒性最强，引起的痢疾最重，这个坏家伙让我们很多人都得过严重的痢疾病呢。小朋友得这种病的机会比较大哦，其次是20—39岁的大人，老年人得此病的机会却比较小。

志贺氏杆菌不是天生就爱在我们的身体里捣乱的，它们能在我们身体里搞破坏，也不能全怪它们，我们自己也有责任。有时候，小朋友们不注意饮食卫生，吃了一些脏东西，让那些志贺氏杆菌才有了可乘之机。

志贺氏杆菌在蔬菜、水果里能活11—24天呢，在葡萄、黄瓜、凉粉、西红柿等食品上也能进行繁殖。所以，吃了生冷食物和不干净的瓜果蔬菜，都有可能感染志贺氏杆菌。志贺氏杆菌能在37℃的水中存活20天，所以被志贺氏杆菌污染的水，

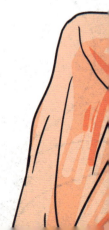

如果没消毒就喝，也很容易使人感染志贺氏杆菌。志贺氏杆菌在各种室温物体上还能存活10天左右，比如桌椅、玩具、家具、把手等都可能被志贺氏杆菌污染，如果我们用手接触了污染物后，不洗手就去

拿东西吃，志贺氏杆菌就会大大方方地跑进我们的肚子里了。

看了以上的内容，你们认识到讲究饮食卫生的重要性了吗？在以后的生活中，你一定要按照爸爸妈妈说的去做：水果、蔬菜一定要清洗干净后再吃；吃熟食，不要吃凉菜；不喝生水，要喝开水；不随地大小便，因为粪便也是志贺氏杆菌传播的主要途径之一；饭前便后一定用洗手液或香皂把手洗干净；脏衣服和床单要用洗衣粉浸泡之后再清洗，过一段时间要煮沸消毒；家里的东西也要经常消毒；尽量避免参加大型的聚餐活动。

如果真的感染了志贺氏杆菌，可要立刻去医院，要听医生的话，按时吃药，才能尽快康复。

甲烷菌居然是个"老人家"

在地球上很多水草茂盛、沼泽泥泞的地方，都生长着一种小细菌，它们形状各异，有球形的、有杆形的、有螺旋形的、有呈八叠球状的，还有的能连成长链形状呢，这些小家伙不仅可爱，还是地球生命的鼻祖呢。它们的祖先早在46亿年前，就在地球上诞生了，所以，科学家们尊称它们为生命的鼻祖。这些小家伙的名字叫甲烷菌。

甲烷菌不需要氧气，只靠碳酸盐、甲酸盐等物质维持生命，很神奇吧！它们每天最开心的事情就是待在水里面"吹泡泡"。它们最喜欢的美食是泥水里动物的便便、树叶、秸秆、杂草，甚至连污水、垃圾等都是它们餐桌上的美味呢。

甲烷菌身上的宝贝可多了，有沼气、一氧化碳、二氧化碳和氢气。这些物质，可都是人类最珍贵的能源呀。

先来看看沼气吧，甲烷菌身体里最多的物质就是沼气了，而沼气的主要成分是甲烷。甲烷无色无味，与空气混合后就能燃烧产生能量。据科学家们计算，每立方米纯甲烷的发热量为34000焦耳，每立方米沼气的发热量为20800—23600焦耳。也就是说，燃烧1立方米沼气就能产生相当于0.7千克无烟煤提供的热量呢。所以，甲烷菌可是一种很好的气体燃料啊。

再来看看一氧化碳、二氧化碳和氢气吧，它们也是甲烷菌身体里的一部分，同样也是有用的宝贝。从甲烷菌的身体里把它们提炼出来，就可以用来做照明或者做饭的燃料，既清洁又方便。

因为甲烷菌身上的宝贝多，而且都是很好的燃料，这正解决了很多国家缺乏能源的难题。现在世界上已有许多工厂使用沼气作为燃料，用来开动机器。我们国家很多的农村也都建了很多的沼气池，人工培养微生物用来制取沼气，由于沼气的生成十分简便

而且相当便宜，所以，它很有可能成为未来主要的能源哦。

　　是谁发现的沼气呢？最早发现沼气的人是意大利物理学家沃尔塔，他是于1776年在一个沼泽地发现的，我们可以叫他"沼气之父"了。1916年俄国人奥梅良斯基分离出了第一株甲烷菌，而我国的科学家是在1980年分离出甲烷八叠球菌的。1860年由法国人穆拉制造了世界上第一个沼气发生器。之后，德国、美国的科学家们也建造了沼气消化池。

　　第二次世界大战后，沼气发酵技术曾在西欧一些国家得到发展，但是还没有得到广泛的应用。后来随着世界能源危机的

出现，沼气越来越受到人们的重视。1955年新的沼气发酵工艺流程——高速率厌氧消化工艺产生。它突破了传统的工艺流程，使沼气的产生率得到了大大地提高。

这些在泥水里沉睡了46亿年的甲烷菌，给人类提供了宝贵的能源，现在，随着科技的发展，沼气被很多国家越来越广泛地应用到生产和生活当中，他们为我们人类做的贡献可真大呀！

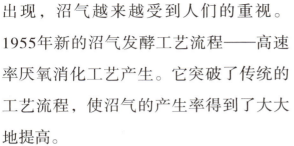

穆拉

什么叫鼻祖?

鼻祖，又叫始祖。它可以用来比喻最初的祖先，也可以比喻一个学派或一个行业的创始人，还可以比喻最早出现的某一事物呢！关于鼻祖还有个小故事：一年的元宵节，唐明皇李隆基去看戏，不知不觉被热闹的气氛感染了，就和大家一起跳起来。可是他看到大家都化妆了，于是就拿了白灰抹在自己的鼻子上，渐渐地唱戏的人也开始从鼻子开始化妆，人们把唐明皇当成戏剧的始祖，又因为他在鼻子上抹灰的做法，故称他为鼻祖。

焦耳指的是什么?

焦耳是一位英国的物理学家，因为他在热学和热力学方面很有造诣，为人类做出了很大的贡献，所以人们为了纪念他，就用他的名字来做热量的单位了。

可怕的鼠疫杆菌

小朋友们都知道老鼠是"四害"之一，它们不仅偷吃我们的粮食、破坏庄稼，而且还是传播病菌的坏家伙。那么，老鼠到底有多可怕呢，我们来看一看吧。

老鼠的身上有种微生物，叫鼠疫杆菌，这种可怕的微生物，能够传播鼠疫。在全世

界曾经爆发过三次大规模的鼠疫，其中最严重一次是伦敦鼠疫，在仅仅三个月的时间里，整个伦敦城人口的十分之一都因为患了鼠疫而死去，可怕吧？

小小的鼠疫杆菌，能夺去那么多人的生命，主要就是因为鼠疫杆菌的生命力非常顽强，很难被杀死。这些鼠疫杆菌无论有没有氧气都能存活，无论环境多么恶劣，哪怕是在非常寒冷、非常潮湿的地方，它们都不会死亡。它们能在痰和脓液里面存活

10—20天，在粪便里能活一个月，在尸体中能活上好几个月呢！无论多么强烈的太阳光，都不能立刻杀死它们。这个鼠疫杆菌真的是太厉害了！难道就没有对付这些可怕的鼠疫杆菌的办法了吗？也不是，只要给它们加热到55摄氏度15分钟或100摄氏度1分钟，就能让它们立刻死亡。

鼠疫杆菌进入人体的方式有很多，比如，蚊子、跳蚤吃了带有鼠疫的小老鼠的血，然后再去动物和人的身上吸血，这样鼠疫就被传播到动物和人的身上了。另外，鼠疫杆菌还会隐藏在一些食物里，如果

55°C

这些食物被人吃进肚子里，那就在劫难逃了。

　　鼠疫杆菌如果从皮肤进入人体，那么它就会先感染我们体内的细胞，然后通过淋巴管迅速地跑到淋巴结进行繁殖，引起淋巴结炎，也就是腺鼠疫。随后，在淋巴结里大量繁殖的病菌和毒素会进入血液、脾、肝、肺和中枢神经系统等，引起全身感染和严重中毒；如果鼠疫杆菌是从呼吸道进入人体的，它们会先在局部淋巴组织繁殖，然后跑到人的肺部，引起肺鼠疫。在肺鼠疫基础上，病菌继续侵入血流，并在血液中繁殖，形成败血症，这被叫作继发性败血型鼠疫。

　　人一旦染上鼠疫，会很快发病的。首先会感觉寒冷，打冷战，然后就会发热、头痛，

寒冷　打冷战　高热　头痛

身体很快就会陷入极度虚弱的状态，接着淋巴结会肿痛，皮肤黏膜有出血点，心、肝、肾也会有出血性炎症，血压不断下降，最后会休克、死亡。尤其在以前，医疗水平差，染上鼠疫的人得不到及时的救治，很快就会死亡的。

现在，随着医疗水平的进步，人们发明了鼠疫免疫血清，和抗生素一起使用，对付鼠疫效果还是很好的。但是，避免鼠疫最好的方法还是要做好预防工作，如果发现了可疑的病人，一定要及时通知医院，尽早隔离，控制传染源。同时尽快把那些细菌源彻底消灭掉。另外，我们还要搞好个人卫生，一定要养成良好的饮食卫生习惯，千万不要吃不干净的食物，也不要用脏兮兮的小手去拿东西吃哦，你们记住了吗？

一定要远离结核分枝杆菌

你们可能听说过"痨病"吧？在很久以前，因为医疗技术落后，人们如果患上了"痨病"，那也就意味着走到了生命的尽头，这种病在当时是没有办法医治好的。这种可怕的"痨病"不知夺走了多少人的生命呢！

可怕的"痨病"，其实也是由一种微生物引起的，下面我们就认识一下这些夺走了无数人的生命的微生物——结核分枝杆菌吧。

结核分枝杆菌，俗称结核杆菌，是引起结核病的病原菌。结核杆菌细长、微弯或直状、两端钝圆，一般呈分枝状排列。结核杆菌的生长很缓慢，别的细菌20分钟就可以繁殖一代，而它则需要14—22个小时呢。但是，它们的生命力很顽强，在各种环境中都可以存活，甚至在零度以下还能活半年左右。湿热、酒精和紫外线却是它们的天敌。

结核分枝杆菌能侵犯人全身所有器官，但以肺结核最为多见。即使在科学不断发展的今天，结核病仍然是重要的传染病。每年约有800万人感染这种病菌，至少有300万人死于该病。以前，我们国家医疗技术不发达，得这种病死亡的人很多；现在，人们的生活水平提高了，卫生状态改善了，特别是开展了群防群治，儿童普遍接种卡介

苗，结核病的发病率和死亡率才大大降低了。

结核杆菌是如何传染的？呼吸道传染是结核杆菌传染的最主要途径了。医学家们研究发现，一个结核病人一次咳嗽可排出3500个微滴核，一次打喷嚏所排出的微滴核数目高达100万个呢。小朋友们，你们一定想不到，如果你对着一个结核患者说话，他打喷嚏、说话或咳嗽时有细小飞沫接触到了你，你就有可能被传染上结核杆菌。

但是，结核杆菌进入你的身体后，能不能让你染病，要看你的身体素质了。如果你身体强壮，那这些结核杆菌就只有死路一条了。但是，如果你身体一般，那这些结核杆菌就会暂时观战，它们会见机行事的。它们在人体内，首先会遇到吞噬细胞，吞噬细胞可是人体的忠诚卫士，一旦有病原体入侵，它们便奋不顾身地冲上去，咬住病原体，然后吞下去，再把病原体消化掉。但是，如果我们的身体抵抗力弱，这种吞噬细胞的抵抗力也会随之而弱的，这时它们就无法战胜结核杆菌了，感染结核病是在劫难逃了。

　　结核杆菌的家族成员很多，它们分别是人型、牛型、鸟型、冷血动物型和非洲型。它们兄弟姐妹中属"人型"最坏，最喜欢攻击人类。其次就数"牛型"了，"牛型"结核杆菌主要存在牛乳品中，随着这些牛乳品偷偷进入人体搞破坏，它的生命力也是超级顽强的。

　　但是随着科技不断进步，不管多么顽强的结核杆菌，我们都有办法对付它们。法国的学者卡迈尔和介兰发明了能预防儿童结核病的疫苗叫卡介苗，这是取了两个学者名字的首字而得名的。从此以后，人们患结核病的几率大大降低了。小朋友们，你们小的时候都注射过这种疫苗的。之后，美国人华斯曼又发现了可以杀灭

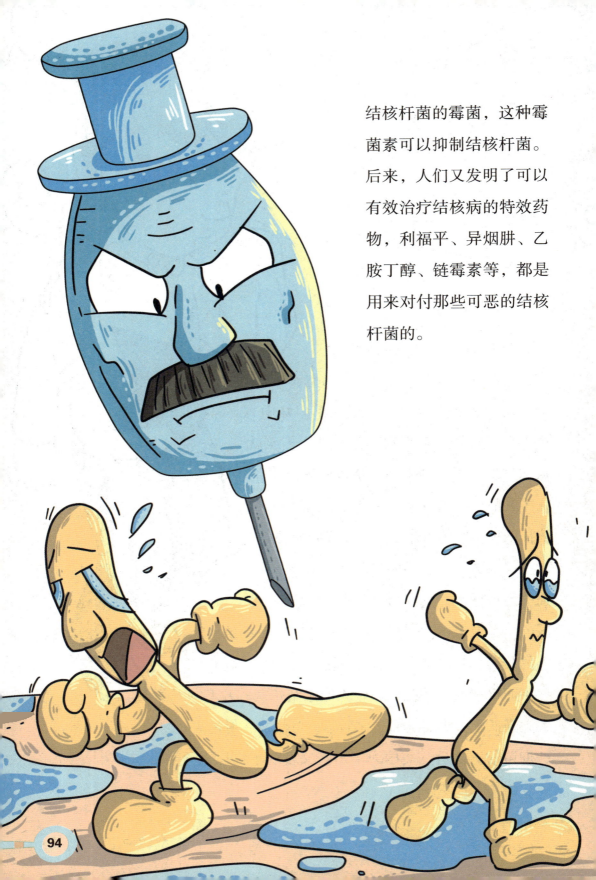

结核杆菌的霉菌，这种霉菌素可以抑制结核杆菌。后来，人们又发明了可以有效治疗结核病的特效药物，利福平、异烟肼、乙胺丁醇、链霉素等，都是用来对付那些可恶的结核杆菌的。

成也"毒王"，败也"毒王"

小朋友的妈妈们是不是有很多化妆品啊？你们的妈妈为了照顾你们很辛苦，皱纹一定会慢慢爬上她们美丽的脸颊的。其实，每一个妈妈都不愿意让自己变老，要是能永葆青春那该多好啊！在微生物王国里，有一种细菌，叫肉毒杆菌，它们是微生物界有名的"毒王"，但也是有名的美容师。我们来认识一下它们吧！

肉毒杆菌胖乎乎、圆墩墩的，形状就像网球拍，是一种生长在缺氧环境下的细菌，在罐头食品及密封腌渍食物中具有极强的生存能力，是目前毒性最强的毒素之一。

　　肉毒杆菌可以生活在腐烂的动物尸体里，土壤、泥沙及水下沉积物里也有它们的身影。通常情况下，肉毒杆菌是处于休眠状态的，它们一直在等候时机，好通过受污染的食物或伤口进入动物的体内，引发中毒。

　　就是这样一个有毒的家伙，居然还是位神奇的"美容师"。只要注射一剂肉毒杆菌，就能让人变得年轻漂亮，而且比任何一种化妆品都有效。这是因为注射适量的肉毒杆菌后，先由胃肠道对它进行吸收，再经过淋巴和血液扩散，进入神经

后能阻断神经与肌肉间的神经冲动，使过度收缩的小肌肉放松，从而达到除去皱纹的效果。通常注射肉毒杆菌毒素后，平均10天左右皱纹会慢慢地舒展、消失，皮肤变平坦。除皱效果可维持3—6月呢，对付鱼尾纹的效果是最好的。肉毒杆菌还能"阻挠"神经化学物质乙酰胆碱的释放，使肌肉萎缩，达到瘦身的目的。不管你是想祛皱纹，还是想瘦身，各种美容、美身的梦想，肉毒杆菌都能帮你实现哦。

不过，因为肉毒杆菌具有强毒性，所以还被用来制作生化武器呢。这个生化武器的威力可大

了。它究竟有多厉害，让我们来看一看吧。

比沙粒还轻的肉毒毒素就能杀死一个68公斤重的成年人。由于毒性剧烈，全世界只有8家公司获准生产这种毒素。虽然美容用肉毒毒素只含微量毒素，但是，现在有很多非法的厂家偷偷地生产这种毒素，因为这种毒素很容易就能被提炼出来，仅仅1克纯正毒素，足够杀死成千上万的人，如果这些毒素被那些非法分子购买制成生化武器，那对人类的安全就会构成巨大威胁。

巴氏杆菌，小动物们见了就害怕

　　小朋友们，你们知道吗，小动物们的身上也寄生着很多很多的细菌，它们有的对小动物有益，有的对小动物有害，其中有一种细菌，如果在小动物们之间传播开来，那么就会让很多的小动物死亡，可怕吧？究竟是谁这么厉害呢？它就是巴氏杆菌。

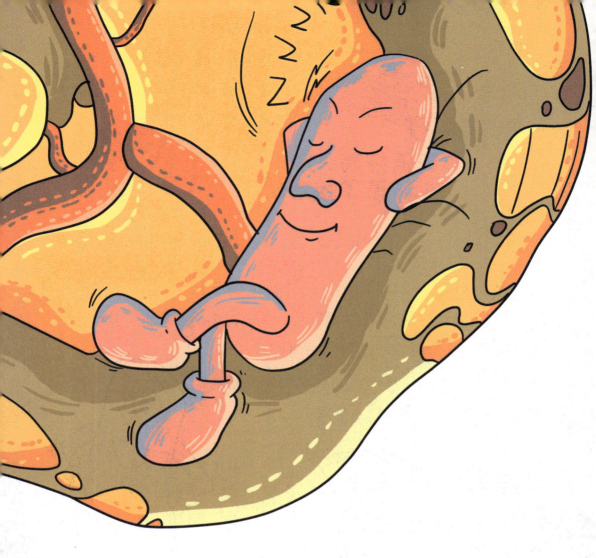

　　巴氏杆菌是一种椭圆形的小细菌，无芽孢，不运动，宽0.25—0.4微米，长0.5—1.5微米，多数都寄生在人、兔、牛、猪、羊、鹿、骆驼和马等的鼻腔黏膜和扁桃体内。别看这些小家伙长得小，可是有名的杀手啊，它们能让很多小动物感染，发生霍乱然后死亡呢。

　　不过，巴氏杆菌平时还是很老实的，只有当条件恶化或小动物身体抵抗力下降时，巴氏杆菌才会变得活跃起来。比如，冷热交替、气候剧变、闷热、潮湿、多雨时，巴氏杆菌就开始发威了，诱发巴氏杆菌病，又称出血性败血症。这是一种传染病，能通过消化道、呼吸道，或者皮肤、损伤的黏膜和吸血昆虫叮咬感染。人体对巴氏杆菌的免疫力比较高，就是那些兔、牛、猪、羊、骆驼和马等动物比较容易遭到巴氏杆菌的侵袭而受到伤害。

巴氏杆菌有很多兄弟，像多杀巴氏杆菌、溶血性巴氏杆菌和嗜肺巴氏杆菌。它们兄弟几个"本事"各不相同，多杀巴氏

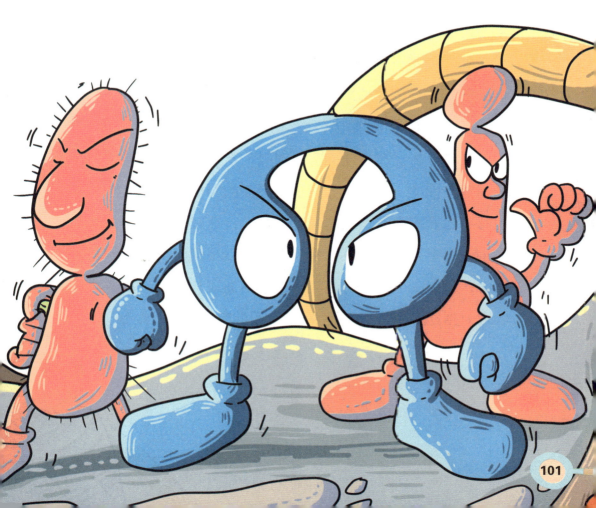

杆菌可使鸡、鸭等发生禽霍乱，使猪发生猪肺疫，使各种牛、羊、兔、马以及许多野生动物发生败血症。溶血性巴氏杆菌可感染牛、羊，引起牛、羊肺炎或败血症。嗜肺巴氏杆菌可使牛、小鼠和兔等引起胸膜肺炎。

巴氏杆菌也有"性格"之别呢，发病快的叫急性型，一般的叫亚急性型，发病慢、病情不严重的叫慢性型。急性型表现为感染后发病很突然、体温升高快、食欲减退或呕吐、腹泻、血痢，甚至死亡；亚急性型表象症状则是胸腔积液、肺充血、出血，甚至发生肝变，还可能出现肺炎或肺部化脓；慢性型则表现为鼻分泌物增多、爱打喷嚏、爱咳嗽、食欲不振等。

小动物们一旦感染上了巴氏杆菌，就会出现呕吐、腹泻、血痢、肺出血、肝变甚至死亡的现象，太可怜了。我们怎样才能帮助小动物们，不让巴氏杆菌扰乱它们正常的生活呢？第一，我们一定要让小动物们吃得饱饱的，这样它们身体的抵抗力和免疫力才会增强，就不怕细菌的入侵了。第二，要经常给小动物们打预防针，各种疫苗千万不能忘记打哦。第三，如果小动物们不幸感染上了巴氏杆菌，一定要及时救治，青霉素、四环素等抗生素都可以帮助小动物杀死它们体内的病菌，让它们逐渐恢复健康。

鼻疽杆菌，最爱欺负我们的小鼻子

你们喜欢在大草原上驰骋的骏马吗？它可是人类的好朋友。在古时候，马是人类最主要的交通工具了。马虽然是人类的好帮手，但它们身上有一种细菌，是会给我们的小鼻子带来麻烦的！

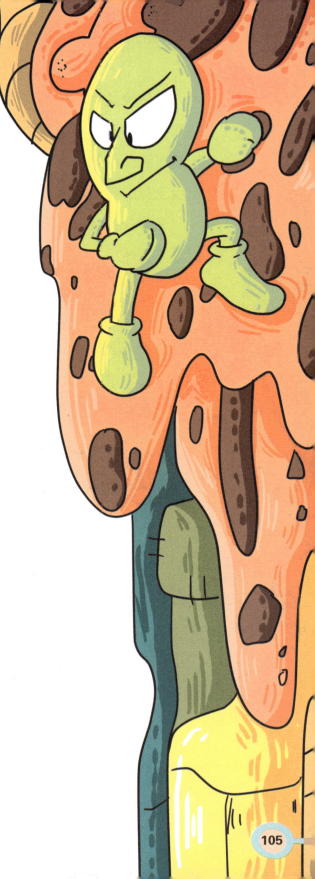

　　这种细菌叫鼻疽杆菌，鼻疽杆菌很小，平均长度为2—5微米，宽度为1—5微米。因为它身上没有长毛毛，所以它们是不运动的。这种细菌，最爱欺负我们的小鼻子，它们能让人得上流鼻涕的怪病——鼻疽病。得了这个病后，鼻子的鼻腔黏膜上就像长了一个小包一样，鼻子里和咽喉部位会出现溃疡，鼻孔里会流出黏黏的黄鼻涕，而且不停地流啊流，好难受。

　　鼻疽杆菌除了喜欢欺负我们的小鼻子以外，它们还能跑到我们的伤口里呢，这时就会引起皮肤鼻疽。如果伤口感染了这种细菌，就会迅速肿胀起来，然后流脓、溃疡，之后又会排出脓液。如果鼻疽杆菌到达我们的下呼吸道，就可能引起肺鼻疽，它的症状有胸痛、干咳，肺部出现半浊音、浊音和不同程度的呼吸困难，还会出现全身酸痛、发冷、头痛、食欲不振甚至腹泻等症状。

鼻疽杆菌之所以能给人类的身体带来麻烦，就是因为它们进入人体后会产生一种叫作鼻疽菌素的有毒物质，正是这些可恶的有毒物质，才让我们的鼻子流鼻涕，让我们伤口和肺等部位发生病变的。更让人们头疼的地方是，这种鼻疽病让人琢磨不透，它时好时坏，反复发作。有的人会常年带

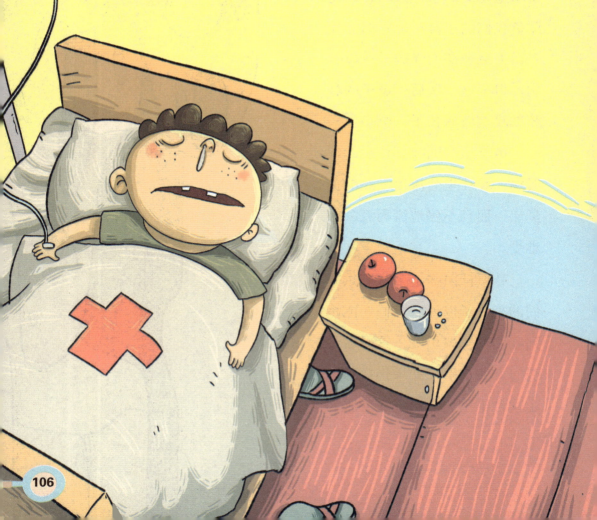

菌，有时候不发作，有时候又会突然发作，说不定什么时候又会自行痊愈了。

目前，我们还没有预防鼻疽病的疫苗，所以，最好的方法就是加强对马等动物的管理了。第一，要经常给马、骡子、毛驴进行体检，看看他们身体里有没有携带鼻疽杆菌，如果有，一定要隔离饲养。第二，如果发现有人患有鼻疽病时，应在严格条件下进行治疗，避免与其他人姿触，痊愈后才能出院。第三，一定要注意个人卫生，特别是受伤之后，一定要把伤口清洗干净，并及时进行消毒，让那些可恶的细菌无机可乘。

变化多端的流感病毒

相信每一个人都有过感冒的经历，想起来都让人觉得难受。发烧、流鼻涕、咳嗽，感冒好难受，都让我们没有精神学习了。你们知道吗?有一种流行感冒，比我们平时患的感冒要严重得多呢，这种感冒可不是好惹的，它不仅让人发烧、咳嗽，

每年还会夺走很多人的生命呢，可怕吧？

　　这种感冒就是流行性感冒，引发它的就是流感病毒了。流感病毒是一种细菌病毒，球形，新分离的毒株多呈丝状，直径在80—120纳米之间，丝状流感病毒的长度达400纳米。这种病毒会造成急性上呼吸道感染，并借助空气迅速地传播，在世界各地常会有周期性的大流行。流感病毒对一些免疫力低的老人或者孩子等引起的症状比较严重，比如肺炎、肺水肿、心肌炎、心血管功能不全等，而且死亡率达到50%以上，全世界有数以万计的人因得了

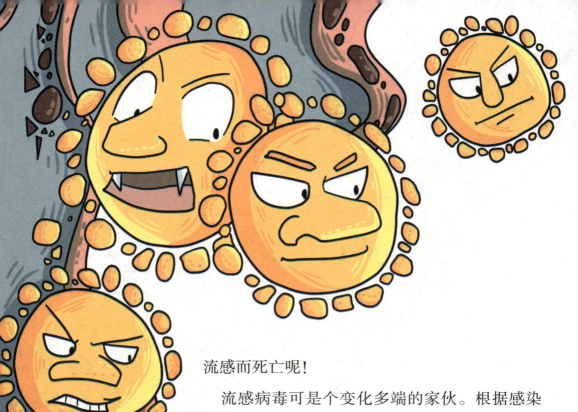

流感而死亡呢！

流感病毒可是个变化多端的家伙。根据感染对象的不同，它们分为人类流感病毒、猪流感病毒、马流感病毒以及禽流感病毒等类群。其中人类流感病毒根据其核蛋白的抗原性可以分为三类：甲型流感病毒、乙型流感病毒、丙型流感病毒三种。可是下面还分为很多个小类型，并且每年都会有变化，让我们认不出来它。其中，甲型病毒是最容易发生变异的，多次引起世界性大流行。因为它的变异，所以让医学家们很难辨认出它们。相对甲型流行病毒，乙型病毒变型就比较缓慢了，流行比较局限；丙型病毒更是个老实的家伙，它们很少变异，只引起人类不明显的或轻微的上呼吸道感染，很少造成流行。

流感和普通感冒可不一样。普通感冒一般只是打喷嚏、咽喉疼痛、流鼻涕、全身酸痛疲乏无力等，过了三五天就会痊愈的，不会危及人的生命。而流感就比较可怕了，患上流感，人就会受到痛苦的折磨。

流感病毒进入呼吸道黏膜上皮细胞后，会大量繁殖新病菌，不断释放毒素，导致细胞变性、坏死乃至脱落，造成黏膜充血、水肿和分泌物增加。生病的人会一直发高烧，还会连续不断地咳嗽。尤其是抵抗力弱的小孩子，最容易患流感了，而且还会引发肺炎、支气管炎、充血性心力衰竭和肠胃炎等并发症，会出现高烧、剧烈咳嗽、呼吸困难等症状，严重的还会危及生命呢！

离不开醋酸杆菌的醋

　　每次吃饺子的时候，我们都会在蘸料里放些饺子醋，这样蘸着吃别提多有滋味了！除了这种饺子醋，我们在超市里还能看到米醋、老陈醋和苹果醋等很多种醋。可是，你们知道吗？这些酸酸的醋啊，居然是从酒变过来的呢！这到底是怎么回事？赶紧让我们去请教一位制醋的小专家吧！

　　这位小专家名叫醋酸杆菌，就是因为有了它，才让烈酒变成了醋这种调味佳品。醋酸杆菌大概有1.5—2.5微米长，0.8—

1.2微米宽，是一种特别喜欢"吸氧"的微生物。为什么这么说呢？这就要从它把酒变成醋的过程说起了。在人们酿制白酒的时候，如果把醋酸杆菌放进开着盖的酒桶里，它就会与酒桶外的氧气不停地"亲密接触"，通过这种接触，也使醋酸杆菌在酒桶里繁殖得越来越多，最终占领了这个酒桶，最后就会把桶里的酒精全部变成醋酸了，就这样，醋也就酿成了。小朋友，你们想品尝到自己做的醋吗？那就赶紧试一试这个方法吧！

醋到底是谁发明的呢？传说，醋是由杜康的儿子黑塔发明出来的。有一天，黑塔干完活儿觉得非常累，他为了解解乏，就喝了很多碗酒，然后呼呼地大睡起来。睡梦中，他突然梦到有一个白胡子老爷爷告诉他，说他的酒缸里有宝贝，让他好好品尝品尝。他起来后，回忆起这个梦，觉得非常奇怪，难道他

的酒变成了什么值钱的东西？于是他赶紧舀了一勺，尝了尝，嘿！辣辣的白酒居然变成了酸溜溜的味道，还真挺好喝的呢！后来，黑塔就开始研究这个酸东西的制作方法，终于把它研制成功了，还和父亲杜康把它命名为"醋"。

小朋友，如果有时候你不太爱吃饭，那我建议你来点醋吧！因为，醋可以刺激人们的味觉，勾起人们的食欲。比如

说，妈妈在拌小凉菜的时候都会加上点醋，这样吃起来口感就很好，能让你们比平时多吃些饭呢！另外，吃到肚子里的醋，还能帮助人们消化，杀死肠胃里那些有害的细菌，消耗体内多余的脂肪，让小朋友们保持身材而且还不生病哦！

　　醋虽然是个好东西，可不是任何人任何时候都能吃的啊！比如说，你们生病了，正在吃一些红霉素和链霉素的药物时，千万不能吃醋，这样会不利于药物吸收；再比如有胃溃疡或胃酸过多的人，吃醋后会加重病情；还有缺钙的人，如果吃过多的醋，会导致骨质疏松，所以要注意啦！

小细菌，大能源

　　小朋友，你们一定知道2012年日本地震中核电站泄漏事件吧！当时，这个事件已经引起了全世界的恐慌。它不仅给空气、海洋带来很大的污染，还给人们心里蒙上了一层恐怖的阴影，至今还让我们心有余悸呢！不过，通过科学家们不懈地研究，发现除了那些高危能源，一个小小的细菌，居然也能发电，我们快去看看它是怎么工作的吧！

　　20世纪初，英国有位科学家把一种叫作铂的金属放在了大肠杆菌的培养液里，发明了世界上首个细菌电池。后来，另一

位英国科学家用糖水来促进细菌电池发电，取得了很好的效果，甚至远远大于现在普通电池的发电量。不过，只有不断地让这些细菌喝糖水，它才能持续发电。虽然是没有污染的绿色能源，但是成本却很高。希望科学家们在不久的将来，能研制出不喝糖水的细菌电池。

经过不断探索，人们还在盐湖里发现了一种奇妙的微生物，名叫嗜盐杆菌，它的体内有一种其他细菌没有的紫色素。正是这种紫色素能吸收太阳光，还能把太阳光转化成电能。而且随着科学家的进一步深入研究，发现这种细菌确实能够发

电呢！如果真是能用这种细菌来为人们服务，那真是既经济又环保了。

目前，很多发达国家都在寻找用细菌发电的新发法。美国研制出一种细菌电池，让电池里的细菌在阳光的照射下，利用自身的分解和转化作用来发电；而日本综合运用了两种细菌，使这两种细菌相互影响，产生化学作用进而发电；英国则是用工业酒精制造出一种电池液，再用这种电池液促进细菌发电。总之，这些国家都在努力寻找一条新的细菌能源之路，小朋友，你们也要好好学习，长大后为我们国家的能源发展贡献力量啊！

目前，人们用什么发电？

从前，人们主要把煤当成燃料进行发电，让煤燃烧产生的热能转化成电能，这叫火力发电。后来，随着科技的发展，人们的环保意识也大大增强，逐渐开始用清洁能源进行发电。比如说我国著名的三峡水电站就是用水来发电的，还有就是利用风能和太阳能进行发电。现在，有很多地方还建起了核电站，虽然这种核能非常强大，但非常容易发生核泄漏，给人们的生命财产造成巨大伤害，所以利用核能发电时一定要非常谨慎。

什么是绿色能源？

绿色能源就是指清洁能源。它包括水能、风能、太阳能、潮汐能等可再生资源，也包括在生产中不会造成污染的天然气和核能等能源，使用绿色能源将成为今后世界各国经济发展的一个方向。目前，世界上绿色能源发展最快的国家要属美国、德国、日本、荷兰了，我国对绿色能源的开发利用已渐渐起步。而且，在不久的将来还会为我国提供2000多万个就业机会，这对我国来说应该是一个前所未有的发展机遇了。

讨人喜欢的益生菌

小朋友，你们都非常喜欢喝酸奶吧！我们知道有很多酸奶都添加了益生菌，到底什么是益生菌呢？让我来给你们揭开谜底吧！

通过前面的讲解，我们都知道人体内也有很多细菌，而那些对我们人类非常有益的细菌就是益生菌，正是有了益生菌，我们才减少了很多疾病呢！它们可以帮助我们维持肠道菌群的平衡，缓解消化不良的症状，提高人们的免疫力等等。总

之，它们是我们日常生活中不可或缺的好朋友。

又是谁发现了益生菌呢？19世纪末，法国生物学家巴斯德通过研究发现——世界上任何生物要想生存下去都离不开细菌。当他提出这个观点的时候，整个世界都震惊了，因为当时的人们都认为，只要是细菌就是一种有害的微生物。他做了很多实验，证明生物在无菌的环境下是根本无法生存的。到了20世纪中叶，随着科学研究的进一步深入，其他科学家们也逐渐发现，没有细菌的配合，有很多微量元素在无菌条件下都是难以合成的。由此，人们认可了细菌也有好坏之分，那些对人体有好处的益生菌也得到了平反。

在我们人体的肠道里，大概有400多种细菌，而这些细菌大部分都是益生菌。我们的肠道环境非常复杂，必须要有这些细菌帮助我们分解食物，合成并吸收营养。如果缺少了这些益生菌朋友，我们的肠道环境就会变化，导致患上肠道疾病。所以小朋友们，你们在饮食上一定要注意啦，多吃绿色食品，少吃垃圾食物，特别是要拒绝学校门口那些不卫生的小食品，只有这样，才能让我们健康快乐地成长啊！

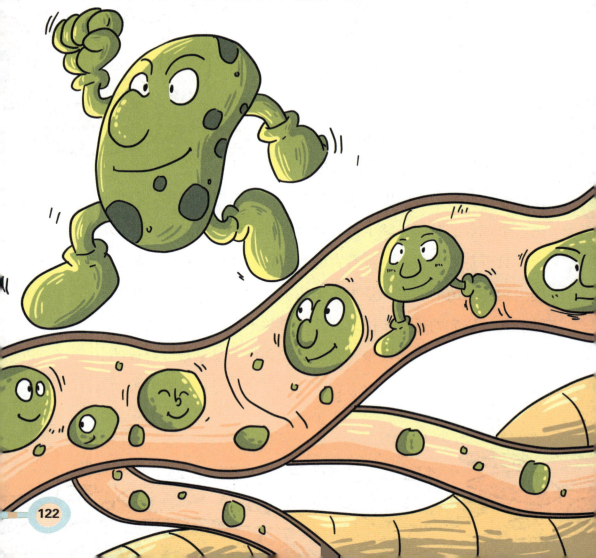

从小爱科学　小生活大世界